時尚飾品設計

羅孟瀅、陳慧玲　編著

全華圖書股份有限公司

作者序

時尚，是個抽象名詞，它是指當代、有時效性的熱門潮流，因此我們要透過學習，吸收新知，才能不斷地創造流行，將流行時尚轉變為靈感與自信。對於有心學習製作飾品的人士來說，《時尚飾品製作》是一本簡明的入門學習書，透過書中基本的飾品材料和詳細步驟，就能做出富有個人特色的作品，奠定飾品製作的第一步。

本書也是一本循序漸進、圖文並茂的教科書，書中選用的材料便宜易買，教師請同學準備物品時快速方便，搭配書裡好懂的步驟解說，輕鬆就能完成美麗的飾品，倍增成就感；還可以透過基本做法，在材料或手法上延伸變化，發揮想像力，創造出最有 style 的時尚飾品。

當然，這本書也是符合一般大眾需求的飾品製作工具書，書中介紹的飾品，製作上手容易，實際配戴漂亮，不僅適用於新娘、伴娘、派對、贈禮、舞臺等多種場合，還能讓自己的整體造型散發吸睛美感！Vogue 雜誌總編輯 Anna Wintour 說：「創造出你的風格，讓自己看起來絕無僅有，別人也能了解你的不同凡響。」懂得以不同的飾品搭配服飾、場合，愛美的你更能展現合宜又獨特的風采！現在就請翻閱本書。

羅孟瀅、陳慧玲 謹誌

目錄

Part 1 　基礎概念

Part 2 　輕盈羽毛飾品

Part 3 　季節花朵飾品

Part 4　斑斕彩蝶飾品

Part 5　浪漫蕾絲飾品

Part 6　優雅網紗飾品

Part 1

基礎概念

基礎概念教學

飾品製作工具

飾品設計，是整體造型當中最能突顯特色、畫龍點睛的部份，也容易塑造千變萬化的個人特色，飾品製作的便利之處在於只要善用空間、層次高低，重組網紗串珠、羽毛蕾絲，便能立即變化出截然不同的造型。

飾品素材看似單純，其實很能融入髮型的設計風格，並襯托整體造型；只要簡單調整配飾的形狀、角度或素材，就可創造出或剛或柔、或俏皮或典雅的美感。懂得配合禮服、場地，選擇適宜的飾品和配件，不但能營造視覺美感，更能凸顯出主角的個人風格，讓人留下良好印象。

時尚配飾、新娘飾品在各個國家都有其特色和潮流，在不斷創新或將流行元素融入造型時，要做到取捨得當：既要展現時尚效果，又能顯示飾品質感，不流於呆板俗氣或喧賓奪主。如何將材料、配飾完美結合，創作出廣受喜愛、百搭易配的作品，是有心學習者的功課。「工欲善其事，必先利其器」，以下將從基本工具的使用、常見的材料一一介紹，引領讀者入門。

2. 飾品製作工具

 工具介紹

白膠：適合黏貼同性質或平面物
　　　品，多用來黏貼皮革、木
　　　材、布類、紙。

白膠

保麗龍膠：透明無色，較快乾，
　　　　　可黏貼保麗龍、塑膠、
　　　　　木材、金屬、玻璃、
　　　　　手藝絲、珠子、中國
　　　　　結及布料等。

保麗龍
膠

尖嘴鉗：又稱老虎鉗，開口平寬，
　　　　持夾力量大，可用來剪
　　　　較粗的鐵絲。

老虎鉗

斜嘴鉗：開口部位較長且尖細，
　　　　夾持力道比尖嘴鉗小，
　　　　可用於細小之工件。

斜嘴鉗

鐵絲線：可用來穿細小珠珠，並
　　　　可隨意彎曲。

軟鐵絲

細鐵絲

粗鐵絲

別針：1849年，美國發明家瓦特·
　　　杭特（Walter Hunt）發明
　　　別針。別針是由堅硬折彎
　　　的金屬或塑膠製成，可扣
　　　合飾品與頭髮等。

髮夾：飾品黏貼其上後，方便固
　　　定於頭髮上。

別針

圓形別針

髮夾

素材介紹

帽胚：作為飾品的基底，依照飾品的
　　　大小和色系，選擇帽胚的大小
　　　與顏色。

白色帽胚

黑色帽胚

刷毛布帽胚（自行
剪裁）

圓形帽胚

羽毛：有顏色、長短、種類的不同，
　　　可依照風格需求選用，增添華
　　　麗、輕盈、繽紛的美感。

水鳥羽毛

彩色鵝毛

孔雀毛

白鵝毛

白色鴕鳥毛

漸層鴕鳥毛

白冠長尾雉尾羽

花瓣：大小、材質、顏色各有不同，可點綴飾品，也可組成花朵。

毛類布花瓣　　　　絲光布花瓣　　　　刷毛布花瓣

絲質花瓣　　　　　亮光硬布花瓣　　　硬面花瓣

亮光花瓣　　　　　印花花瓣　　　　　小花瓣

蕾絲花瓣：利用蕾絲花片布重疊而成的飾品，可營造華美的視覺感。

金線蕾絲花瓣　　　白色硬蕾絲花瓣　　染色蕾絲花

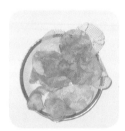  

染色硬蕾絲花瓣　　染色蕾絲花瓣　　　黑、白軟蕾絲花瓣

花蕊：可搭配花瓣、蕾絲花，組成完整花朵，也可單獨使用。

亮彩包珠光花蕊　　珠光花蕊　　　　　亮彩花蕊

緞帶、花布：緞帶可分為亮面、蕾絲、絨布、百摺等不同類型，是很常用的素材。

蕾絲布

亮面寬緞帶

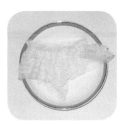
蕾絲繡花布

絨布緞帶

亮面細緞帶

百摺緞帶

亮面布

網紗：紗有不同的軟硬材質，可營造柔和、舖張、襯托等不同效果，是飾品製作時的重要素材。

1 金蔥紗	6 細紗
2 紅色網紗	7 白色硬紗
3 桃紅網紗	8 藍色紗網
4 粉紅網紗	9 橘色紗網
5 豆紗	

油珠、鑽飾：油珠多半是壓克力材質，仿珍珠的質感。水鑽是將人造水晶玻璃切割而成的飾品，材質較經濟，視覺上又有鑽石般的奪目感，廣受歡迎。施華洛世奇（Swarovski）是第一個發現水晶玻璃切面的人，施華洛世奇水鑽的折射率和硬度比較高，光澤有深邃感。

1 長油珠

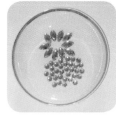
2 亮鑽

3 彩色珠

4 彩色油珠

5 施華洛世奇鑽

6 壓克力鑽

7 珍珠鑽

熱熔槍、熱熔膠：熱熔槍為插電式設計，用於修補、黏著物件。需注意熱熔膠條的大小是否和熱熔槍管一致。熱熔槍的槍口兩側有洞，用來安裝三角支撐架；高溫加熱時，需把熱熔槍立起，以免由側邊融化或燙損物品。

熱熔槍

熱熔膠

Part 2

輕盈羽毛飾品

暖心甜橙

遙憶宋詞中的纖手破新橙，錦幄初溫；
你以暖色系的淡橘羽毛、黃橙花瓣為主體，
搭配霜白駝鳥羽，共組甜美盛放的木槿花飾，
溫暖的色系讓人倍感舒心，更襯托出伊人的恬逸氣質。

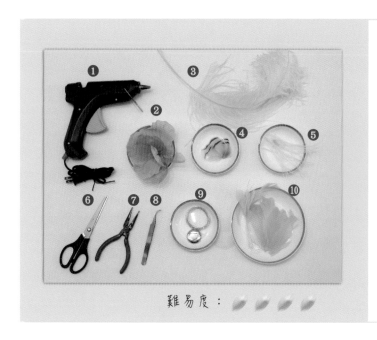

① 膠槍　　　　⑦ 老虎鉗

② 橘黃花瓣　　⑧ 捏子

③ 駝鳥毛　　　⑨ 鐵絲、別針

④ 條紋羽毛　　⑩ 白羽毛、橙羽毛

⑤ 撕好的羽毛

⑥ 剪刀

難易度：

製作步驟

1　將熱熔膠塗抹圓形別針上。

2　將黃色花瓣粘上圓形別針。

3　將橘色羽毛剪一半，約8公分。

4　剪一半的橘色羽毛。

5　將五根橘色羽毛用細鐵絲綁一起。

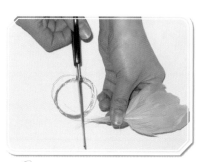

6　再將綁好的羽毛尾梗用剪刀剪掉（同樣的五根羽毛裝飾，需剪五把）

7 把剪好的五根羽毛粘在黃色花瓣上，豎立起來。

8 綁好的五根羽毛，以此方式繼續製作，依序黏上。

9 依序組黏橘色花瓣，成散開狀。

10 在製作好的羽毛花背後擠上熱熔膠。

11 將鴕鳥毛拉一撮下來。

12 以細鐵絲將拉下來的鴕鳥毛綁好，並用尖嘴鉗捆起來。

13 把一小撮的鴕鳥毛放到做好的散狀羽毛裡。

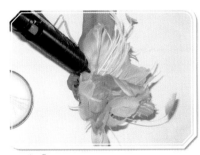

14 用熱熔膠黏好。

15 將鴕鳥毛一根根分散黏在橘色羽毛的空隙。裡

16 再將不同的羽毛用熱熔膠黏上。

17 分散白色羽毛，錯落於橘色羽毛花裡。

18 完成羽毛花朵作品。

Finish

佛明哥紅

火辣的豔紅交錯神秘的靛藍，迸發西班牙的奔放激情，
玄黑晶鑽映照佛朗明歌的狂野舞步，
「舞吧！舞吧！不然我們就要迷失了」碧娜·鮑許如此召喚，
啊，這熱情四射的飾品，一亮相，就緊緊攫取所有的目光！

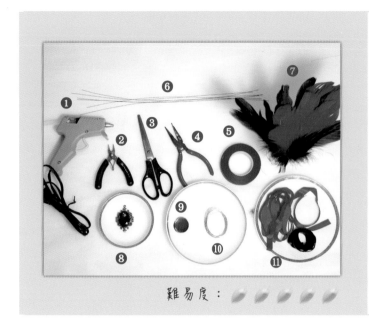

材料工具

① 熱熔槍　　　⑦ 各色羽毛一把
② 斜嘴鉗　　　⑧ 黑色鑽飾一個
③ 剪刀　　　　⑨ 圓形別針
④ 尖嘴鉗　　　⑩ 細鐵絲
⑤ 紅色膠帶　　⑪ 紅色及黑色緞帶
⑥ 白色鐵絲

難易度：

製作步驟

1 將紅色羽毛根部拉掉。

2 上圖呈現的紅色羽毛需要30根。

3 將藍色羽毛根部拉掉（需要數根）。

4 將黑色羽毛剪短一半（需要數根）。

5 剪一小段細鐵絲。

6 紅色羽毛2根，加藍色羽毛2根，用細鐵絲纏繞綑綁住。

7 再用紅色膠帶纏繞至羽毛根部。

8 紅色、黑色緞帶以「8」字形環繞，呈現出蝴蝶結造型。

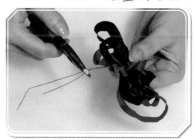

9 利用白色鐵絲將8字形蝴蝶結綑綁緊。

10 用紅色膠帶纏繞綑住紅色羽毛、藍色羽毛。

11 再將兩撮羽毛接上，中間用紅色膠帶纏繞住。

12 將綁好的8字蝴蝶結疊在羽毛根中間位置。

13 在將綑綁好的羽毛疊至前述羽毛背後。

14 以紅色膠帶纏繞住，綑綁兩撮羽毛。

15 再將數根紅色藍色羽毛連接疊上，不斷重複，利用層次高低將羽毛接上。

16 將紅色羽毛用熱熔膠黏疊展開，呈現花的形狀，黑色羽毛點綴其中，營造層次感。

17 用熱熔膠黏上黑色鑽，置於羽毛花朵中間。

18 將羽毛成品底部塗上熱熔膠。

19 之後再將圓形別針黏上，即告完成。

Finish

花火之舞

桃花開了，牡丹開了，杏花開了，

取一截緞帶，輕輕綰起最美的那朵，

將花瓣的晨露化為鑽飾，把明媚的春天別在髮際。

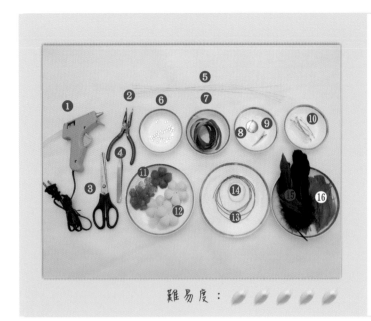

① 膠槍　　　　⑨ 髮夾
② 尖嘴鉗　　　⑩ 花蕊
③ 剪刀　　　　⑪ 桃色花瓣
④ 捏子　　　　⑫ 粉紅花瓣
⑤ 白色鐵絲　　⑬ 細鐵絲
⑥ 水鑽　　　　⑭ 白鐵絲
⑦ 粉紅緞帶　　⑮ 紫黑羽毛
⑧ 圓形別針　　⑯ 桃色羽毛

難易度：🌸🌸🌸🌸🌸

製作步驟

1 將深藍色羽毛根部拉除，留下三分之一的羽毛。

2 同樣將黑色羽毛根部拉除，留下三分之一及四分之一的羽毛數根。

3 利用捏子用力將桃紅色羽毛壓住，往下刮拉，形成微捲。

4 桃紅色羽毛刮拉後，會形成圖片上的微捲模樣，依此方式，製作數根微捲羽毛。

5 利用尖嘴鉗，將鐵絲前端捲成圓形。

6 鐵絲捲好，呈圓形。

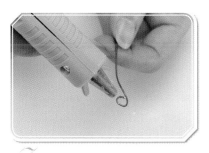

7 將熱熔膠點在鐵絲圓圈上。

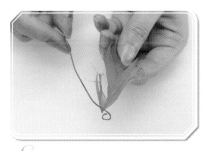

8 把桃紅色羽毛黏上鐵絲。

9 再將羽毛拉順。

10 將桃紅色羽毛一根根順著鐵絲尾端黏上，並要順著鐵絲圓形環繞。

11 羽毛環繞黏附好鐵絲，再將羽毛整理拉順。

12 擠上適量熱熔膠，塗抹羽毛根部

13 把黑色羽毛一根根分散黏於桃紅色羽毛中。

14 再將整串桃紅色羽毛摺彎成圓形。

15 完成後，可在羽毛中間放上相同顏色的飾品花。

16 完成品可搭配不同的飾品，展現多樣風格。

Finish

純眞鵝黃

鵝黃羽毛和蕾絲花瓣拼出初綻的盛大花朵，

洋溢新生的馨亲雀躍，

溫照的妍雅光采包圍著你，

是純真年代最想珍藏的喜悅記憶。

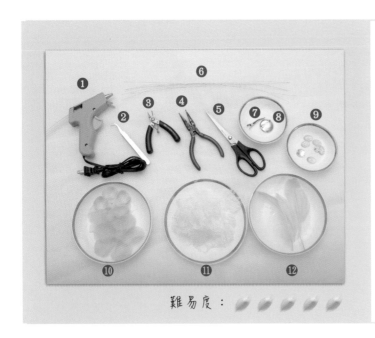

① 膠槍　　　⑦ 髮夾
② 捏子　　　⑧ 圓形別針
③ 斜嘴鉗　　⑨ 壓克力鑽飾
④ 尖嘴鉗　　⑩ 黃色花瓣
⑤ 剪刀　　　⑪ 蕾絲花瓣
⑥ 白色鐵絲　⑫ 黃色羽毛

難易度：

製作步驟

1　用剪刀將黃色羽毛前端剪平，羽毛側邊微呈圓形。

2　剪好黃色羽毛數根。

3　將白色鐵絲剪成一小段，並利用尖嘴鉗，把白色鐵絲前端摺成一個小圓圈。

4　將剪好的黃色羽毛用熱熔膠黏上白色鐵絲。

5　將黃色羽毛分別用環繞方式黏上白色鐵絲。

6　完成後，呈現花朵狀，接著以相同方式，將羽毛分散環繞圓形黏上。

7 白色鐵絲纏繞黃色羽毛花底部,將剩餘的鐵絲用斜嘴鉗剪掉。

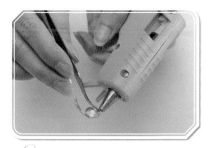

8 將鑽飾塗上熱熔膠。

9 把鑽飾黏於黃色羽毛花中間(圖中同樣的黃色羽毛花要做三朵)。

10 將熱熔膠塗於黃色羽毛花根部。

11 利用捏子,將蕾絲花瓣黏貼於塗上熱熔膠之處。

12 再次將熱熔膠塗上黃色羽毛花根部。

13 利用捏子,將黃色花瓣和蕾絲花瓣,用熔膠黏在一起。

14 將三朵黃色羽毛花拼接在一起。

15 將熱融膠塗在黃色羽毛底部側邊。

16 再將三朵黃色羽毛花分別黏在一起。

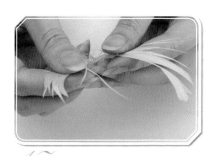

17 保留黃色羽毛前端一小段羽毛,其餘的羽毛拉除。

18 拉除黃色羽毛不需要的部份。

19 拉除完成後的黃色羽毛。

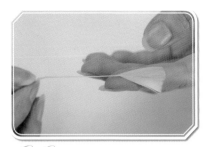

20 約需拉除 8～10 根黃色羽毛。

21 將黃色羽毛分別上好熱溶膠,準備置入。

22 上好熱溶膠的黃色羽毛,一根根黏進黃色花朵裡。

23 最後用熱熔膠將圓形別針黏於黃色花朵底部,即告完成。

孔雀羽藍

彷彿高貴的杜蘭朵公主凌波微步，

隨著御花園的孔雀優雅開屏，

髮間那燦爛的深灰、寶藍、雪白、水晶紫花、繁複羽毛，

也都次第攤展，

在明月光下，共同鋪陳一場徹夜不眠的夢幻饗宴。

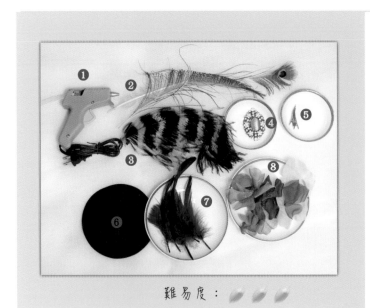

① 膠槍　　　⑤ 髮夾
② 扎雀毛　　⑥ 帽胚
③ 駝鳥毛　　⑦ 藍色羽毛
④ 彩鑽飾　　⑧ 藍灰各色花瓣

難易度：

製作步驟

1 將藍色羽毛拉除到剩四分之一的羽毛。

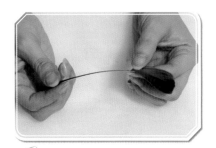

2 留有四分之一的藍色羽毛，約需 5 根。

3 將熱熔膠塗抹於帽胚側邊。

4 將灰色花瓣黏貼於帽胚側邊。

5 將米色花瓣、灰色花瓣利用熱融膠黏貼於灰色花瓣上。

6 將各色花瓣利用熱融膠推疊黏上，呈現出有層次的花形。

7 將五根藍色羽毛分別用熱
熔膠黏於花朵裡。

8 將熱熔膠塗抹於花朵裡。

9 將孔雀毛穿入花朵裡黏
好。

10 再將孔雀毛穿入花朵裡
黏好。

11 將染色鴕鳥毛穿入花朵
裡黏好。

12 用熱熔膠塗抹於花朵前
方。

13 最後將寶石飾品黏上，
即告完成。

Finish

天使之翼

詩人蒲柏說：皎潔無瑕的心靈永遠陽光燦爛。

正如飾品以潔白的白摺紗綢溫柔托住盛開的花朵，

像是天使垂翼降臨，純淨輕盈，

要載著繁花和真摯的心，

一起飛翔。

材料工具

① 膠槍　　　⑥ 鐵絲綑
② 尖嘴鉗　　⑦ 白褶綑
③ 花蕊　　　⑧ 白色紗綑
④ 白色駝鳥毛　⑨ 各式花瓣
⑤ 彩色珍珠

難易度：

製作步驟

1 將彩色珍珠穿入細鐵絲，再把鐵絲對摺扭轉。

2 分別將大小顆珍珠穿入細鐵絲，再將鐵絲對摺扭轉，呈現出長短不一的串珠需做三個不同顏色的珠珠串。

3 在花蕊蕊心中間綁上鐵絲。

4 將蕊心以鐵絲對摺捆綁好，準備穿入白色花瓣中間洞孔。

5 將對摺捆綁好鐵絲的蕊心，穿入白色花瓣中間洞孔。

6 將利用鐵絲做好的彩色珍珠，置入花朵其中。

7 繼續將用鐵絲做好的彩色珍珠,置入花朵之中。

8 利用熱熔膠將鐵絲和花瓣黏起,呈現高低層次。

9 再將兩朵不同顏色的花朵用熱熔膠黏在一起。

10 將白色百褶網對摺再對摺,摺出蝴蝶結造型,再利用白色鐵絲從中間綑綁住同樣的造型需做兩個。

11 熱熔膠塗抹於蝴蝶結上。

12 將兩個彈性網摺成的蝴蝶結,黏疊在一起。

13 再用白色鐵絲將蝴蝶結綑綁,利用鐵絲的硬度,將兩個蝴蝶結拉成不對稱,呈現出立體感。

14 把白色紗網摺出立體感。

15 蝴蝶結中間塗上熱熔膠。

16 將剛剛完成的花朵,擺在百褶網蝴蝶結中間。

17 利用熱融膠,將花朵和百摺網蝴蝶結黏在一起。

18 接著把白色羽毛置入花朵中間。

19 將白色鴕鳥毛置入花朵後方。

20 在蝴蝶結後方擠上適量的熱熔膠。

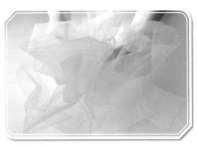

21 把白色紗網摺成立體感，可接在做好的飾品上，讓它看起來更華麗。

22 在蝴蝶結後方擠上適量的膠。

23 將圓形別針黏上，即告完成。

Finish

紫色迷情

迷戀，從紫開始。

幽黑紗網上，開出靛色花瓣，灑落晶藍亮粉，

加上漸層的紫色系花羽，澈底魅惑萬眾，

是詩人拜倫的讚嘆：她行走於美麗之中，

如夜空萬里無雲，而繁星熠熠...

① 剪刀　　　　　⑧ 鑽飾
② 捏子　　　　　⑨ 藍色羽毛
③ 膠槍　　　　　⑩ 黑紗網
④ 尖嘴鉗　　　　⑪ 圓形別針
⑤ 斜嘴鉗　　　　⑫ 藍色亮粉
⑥ 藍紫羽毛　　　⑬ 細鐵絲
⑦ 黑色珠珠

難易度：

製作步驟

1 將藍色羽毛及黑色羽毛尾部拉掉。

2 圖中呈現的藍色及黑色羽毛需要數根。

3 剪一小段細鐵絲。

4 利用細鐵絲將藍色羽毛及黑色羽毛纏繞綑緊。

5 剪掉羽毛根部多餘的地方（上圖呈現做好的羽毛，需要好幾束）。

6 在圓形別針上擠適量的熱熔膠。

7 修剪羽毛根部多餘之處。

8 將羽毛以平躺方式黏在圓形別針上。

9 分別將做好的一束束羽毛，組合成直立式，黏在圓形別針上。

10 組合完成後，花朵呈現散開的造型。

11 再將羽毛一根根鋪平展開，呈散開狀。

12 利用熱熔膠將羽毛結合在一起。

13 再把鑽飾黏入羽毛花中間，並在後方黏上圓形別針。

14 以同樣的手法，再做兩朵小朵的羽毛花飾，中間黏上黑色珠珠。

15 為了讓深色羽毛花看起來有層次，中間黏上有點點的鳥毛。

16 在羽毛前端上少許的保麗龍膠。

17 在保麗龍膠上沾上適量的藍色亮粉。

18 將黑色紗網，以畫「8」的方式，摺出立體感，在中間擠上適量熱熔膠。

19 藍色羽毛花可用別針，
夾在黑色紗網上。

20 藍色羽毛花也可用直接
用熱熔膠黏在黑色紗網
上。

21 最後置入長的羽毛（約
5 根），即告完成。

Finish

DIY 小計畫

1. 畫張設計圖，展現我的羽毛飾品創意！

2. 要使用的材料有哪些呢？記下來吧。

3. 寫下我設計的羽毛飾品製作方法，準備動手做囉～

Part 3

季節花朵飾品

春漾桃紅

詩經：桃之夭夭，灼灼其華。

朵朵粉嫩桃花，纖纖瑩紅紗網，

是戀人心花朵朵開的明亮欣喜，

是新嫁娘般甜蜜蜜的繾綣幸福。

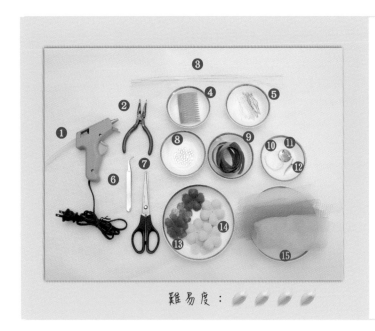

材料工具

① 膠槍　　　　　⑨ 緞帶

② 老虎鉗　　　　⑩ 細鐵絲

③ 白色細鐵絲　　⑪ 圓形別針

④ 髮髻　　　　　⑫ 髮夾

⑤ 花蕊　　　　　⑬ 蕾絲花瓣

⑥ 捏子　　　　　⑭ 粉紅花瓣

⑦ 剪刀　　　　　⑮ 紗網

⑧ 小碎鑽

難易度：🌿🌿🌿🌿

製作步驟

1 在蕊心中間綁上細鐵絲

2 將花蕊放置於花瓣中間

3 再將不同顏色花瓣一片片穿入其中。

4 用尖嘴鉗把鐵絲繞圈捲好、壓扁。

5 緞帶用畫「8」的方式圍繞，以此做出數個蝴蝶結造型。

6 用熱熔膠把做好的花朵黏貼於緞帶蝴蝶結上。

7 將三朵花和蝴蝶結組合在一起。

8 黏貼亮鑽作為點綴。

9 擠適量熱熔膠於別針上。

10 將別針黏貼於花朵背後。

11 抓好紗網，與花朵組合在一起。

12 將髮簪黏於花朵後方固定住。

13 可將兩朵大小不一的花朵組合在一起，增添華麗感。

Finish

白蕊雅潔

在米白緞帶上，綁繫鍍金的蕾絲花瓣，

點綴小朵白茉莉和晶瑩串珠，

是含苞初綻的清秀佳人，垂垂蕤蕤，

盡顯優雅潔淨！

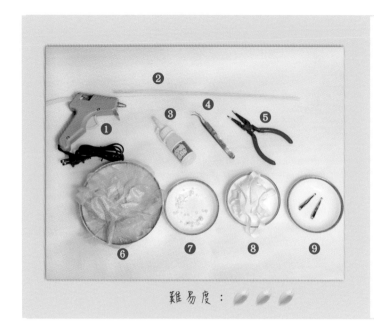

材料工具

① 膠槍　　　　⑥ 蕾絲花瓣
② 白色細鐵絲　⑦ 串珠
③ 保麗龍膠　　⑧ 白色緞帶
④ 捏子　　　　⑨ 髮夾
⑤ 尖嘴鉗

難易度：

製作步驟

1 用熱熔膠把鐵絲和緞帶黏在一起。

2 以畫「8」的方式，對摺黏好的鐵絲緞帶。

3 將緞帶摺成一個蝴蝶結。

4 將小花瓣黏貼於一小段鐵絲上，完成小花朵。依此完成數個。

5 另將蕾絲花瓣抓摺後，塗上熱熔膠。

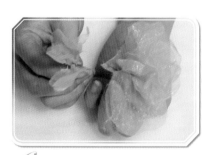

6 將先前完成的小花朵和蕾絲花瓣組合。

7 再將緞帶蝴蝶結與花組合
起來，成為另一朵花。

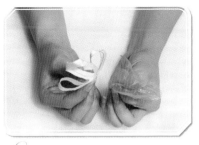

8 整理剛剛製作好的花束鐵
絲。

9 將兩朵花束組合一起。

10 利用尖嘴鉗將鐵絲繞
圈、壓平。

11 在花朵中間擠上適量的
熱熔膠。

12 將串珠黏貼固定。

13 擠適量的膠在蕾絲花朵
底部。

14 再將做好的小花朵，一
個個黏貼固定。

15 將串珠黏貼在花與花的
中間。

16 花背後黏貼一個髮夾，
即告完成。

Finish

夢見伊甸園

傳說中的伊甸園，四季如春、鳥語花香，

受到祝福庇護，永遠和平安寧，

讓我們摘取鮮花、綠葉和藤蔓，

一起編織出伊甸園的真善美，擁抱清新喜悅！

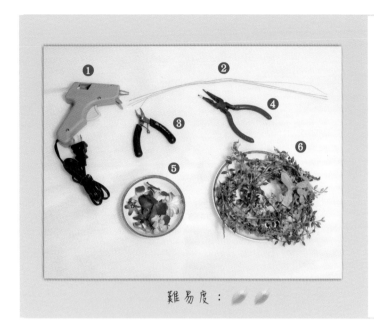

① 膠槍
② 綠色細鐵絲
③ 尖嘴鉗
④ 斜嘴鉗
⑤ 假花花朵
⑥ 樹枝、樹藤

難易度：

製作步驟

1 將綠色鐵絲纏繞樹藤。

2 利用尖嘴鉗將鐵絲繞上樹藤。

3 將繞好的樹藤接上樹枝。

4 把紫色花朵接上。

5 擠上適量的熱熔膠，黏合紫花。

6 利用尖嘴鉗把花圈摺好。

7 完成花圈，如圖所示。

8 在花圈擠上熱溶膠，準備
黏貼花朵。

9 將花朵黏上固定。

10 將其他小花一併黏好。

11 將果實黏貼固定，花圈
完成。

Finish

唯美絡黃花

春風吹拂，仙女冉冉甦醒，

仙子們髮際的花環，是小巧的花兒和粉色系的油珠串成，

絡黃花叢，齊放輕繞，

更襯托出仙子嬌滴滴的清純之美。

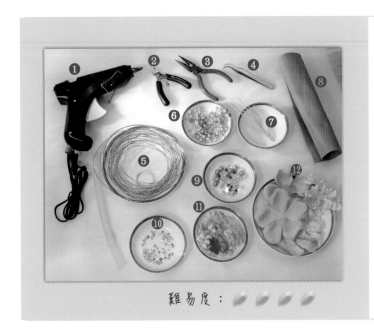

① 膠槍　　　　⑦ 白色鐵絲

② 斜嘴鉗　　　⑧ 毛絨布

③ 尖嘴鉗　　　⑨ 油珠

④ 捏子　　　　⑩ 小水鑽

⑤ 粗鐵絲線、細　⑪ 花瓣
　　鐵絲線　　　⑫ 大小不同素材花瓣

⑥ 花蕊

難易度：

製作步驟

1　先將絨毛布裁剪成適合大小。

2　用剪刀剪下橢圓形帽胚。

3　剪一小段粗鐵絲。

4　將粗鐵絲繞出圓形。

5　在粗鐵絲上繼續繞出多個不規則的圓形。

6　將細鐵絲穿過圓珠。

7 先將一端細鐵絲纏繞固
　　定。

8 以同樣的方式，在細鐵絲
　　上完成珍珠裝飾。

9 在粗鐵絲的圓形上，擠上
　　適量的熱熔膠。

10 將有珍珠的細鐵絲，纏
　　　繞在不規則圓形粗鐵絲
　　　上。

11 將兩者纏繞固定。

12 在鐵絲擠上適量膠。

13 將小花朵黏貼於鐵絲
　　　上。

14 花蕊處擠上適量膠。

15 再將珠珠黏貼於花蕊上

16 完成基本花環。

17 取數朵花蕊，以細鐵絲
　　　綁成一束。

18 取黃色大花瓣，中間穿
　　　上白色鐵絲。

19 以同樣方式，將數片黃花瓣中間穿上白色鐵絲。

20 將花蕊放置於白色花片中間。

21 再將剛剛完成好的黃花瓣和白花組合在一起。

22 將數段鐵絲纏繞成束。

23 利用尖嘴鉗把貼絲壓平。

24 完成花朵如圖示。

25 再將蕾絲大花瓣組合，完成重瓣花朵。

26 擠上適量膠於花瓣上。

27 將小水鑽分散黏貼其上。

28 在帽胚上擠上適量膠。

29 將花朵底部與帽胚黏在一起。

30 完成整個花朵，如圖所示。

31 再組合花環，即告完
成。

Finish

冰藍小皇冠

是雪國的精靈嗎？

是皇室的公主吧？

戴上蔚藍蕾絲、瑩白串珠打造而成的精緻王冠，

美得令人屏息，

嫣然巧笑，瞬間步入冰雪奇緣的剔透國度。

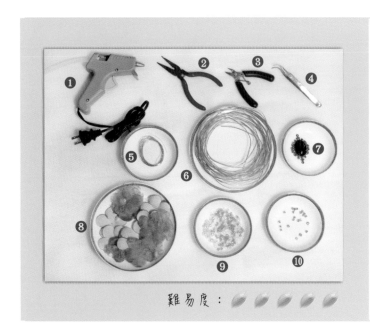

材料工具

① 膠槍   ⑥ 粗鐵絲線
② 尖嘴鉗   ⑦ 黑色鑽飾
③ 斜嘴鉗   ⑧ 蕾絲花瓣
④ 捏子   ⑨ 各色珠珠
⑤ 細鐵絲   ⑩ 小碎鑽

難易度：

製作步驟

1 用斜嘴鉗剪下一段長約 40 公分的粗鐵絲。

2 將粗鐵絲摺成一個圓形，並繞上細鐵絲。

3 用小鐵絲環繞綑緊粗鐵絲。

4 剪一小段約 30 公分長的粗鐵絲，固定在圓形上，準備作皇冠的骨架。

5 將剛剛的粗鐵絲拗成半圓，並用尖嘴鉗固定。

6 重複數個半圓，完成皇冠，如圖所示。

7 用手指將完成好的皇冠頂
部往下壓。

8 皇冠側面將形成 m 型。

9 再用細鐵絲綁緊皇冠頂部
的中心點。

10 將細鐵絲串上各種顏色
珠珠。

11 將穿好珠珠的細鐵絲環
繞粗鐵絲,再固定。

12 白花瓣擠上適量的膠。

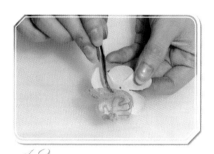

13 再將藍色蕾絲花瓣黏於
白花上。

14 以同樣方式完成數朵
花。

15 細鐵絲穿上彩珠再對
摺。

16 皇冠 m 型處,都要繞
上串珠;並在皇冠擠上
適量的膠。

17 將花朵黏於皇冠上。

18 相同方式把花朵黏貼上
圓形底座。

19 皇冠頂部置上黑色鑽飾，用熱熔膠固定。

20 將步驟 15 所串好的珠珠細鐵絲穿過花瓣，固定住，即告完成。

Finish

甜心糖果花

I want candy！

青蘋果、草莓紅、檸檬黃、蜜桃粉...

繽紛的亮彩緞帶和各式花布，圓圓點點，

一起組成無敵可愛的花環飾品，

是最溶化你心的青春蜜糖！

① 膠槍
② 軟鐵條
③ 花蕊
④ 白鐵絲

⑤ 彩色布花瓣
⑥ 黃色緞帶、桃色緞帶

難易度：

製作步驟

1 在軟鐵條上纏繞桃色緞帶。

2 以同樣方式，將不同顏色的緞帶纏繞拼接。

3 再將軟性鐵條彎成兩個不同大小的圓形，並固定。

4 取數個花蕊，在花蕊中間綁上鐵絲。

5 花蕊底部繞圈固定。

6 將花蕊放置於花瓣中間。

7 再將其他顏色的花瓣穿入。

8 以同樣方式完成重瓣花朵。

9 在花瓣底部擠上適量膠。

10 將另一片顏色的花瓣對摺後黏貼上。

11 以同樣方式，將其他花瓣對摺後黏貼上。

12 完成花朵的黏貼，如圖所示。

13 將做好的花朵固定於軟鐵條上。

14 將其他花朵固定於鐵條欲裝飾的部位。

15 完成花環。

Finish

俏紅鳳仙

俏麗的鳳仙，最適合展現活潑的甜美，

只需要絨布花瓣和圓形別針，

輕鬆簡單，

就能完成可愛又迷人的花樣飾品！

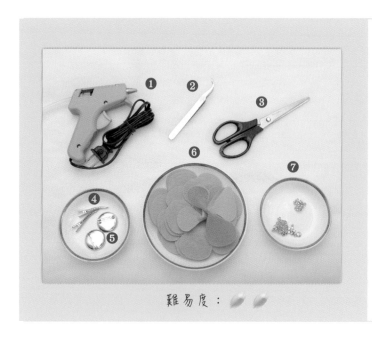

材料工具

① 膠槍
② 捏子
③ 剪刀
④ 髮夾
⑤ 圓形別針
⑥ 毛絨布花瓣
⑦ 鑽飾

難易度：🥄🥄

製作步驟

1 將布剪成五瓣花瓣形狀，需做大、中、小三個尺寸，各數個。

2 擠上適量熱熔膠於花瓣中間。

3 以手指將花瓣擠壓出立體形狀。

4 以同樣方式，將另一朵花也擠壓成立體。

5 將大、中、小三朵花重疊組合。

6 花朵中間擠上適量熱熔膠。

7 再將鑽飾黏於花朵中心。

8 另外再組合兩朵已做好的花。

9 重疊組合花朵。

10 組合好的花,如圖所示。

11 擠上適量膠於花朵中間。

12 將鑽飾黏貼於花心。

13 花瓣背面擠上適量膠。

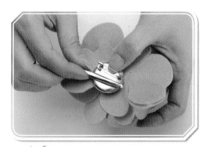

14 黏上圓形別針和夾子,即告完成。

Finish

DIY 小計畫

1. 畫張設計圖，展現我的花朵飾品創意！

2. 要使用的材料有哪些呢？記下來吧。

3. 寫下我設計的花朵飾品製作方法，準備動手做囉～

Part 4

斑斕彩蝶飾品

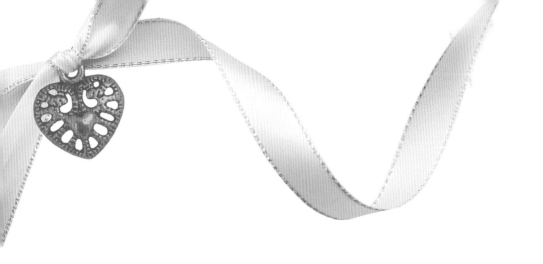

輕舒嫩藕色

拾取粉嫩蓮藕色的蝴蝶結，組合紗網，以水鑽裝飾，
彷彿初夏荷花怡人的氣息，正婷婷舒放，
「穿花蝴蝶深深見，點水蜻蜓款款飛」，
心情也跟著愉悅美麗！

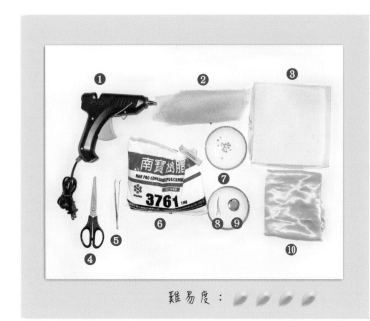

① 熱熔槍　　　⑥ 樹酯
② 紗網　　　　⑦ 水鑽
③ 透明塑膠板　⑧ 小夾子
④ 剪刀　　　　⑨ 圓形別針
⑤ 捏子　　　　⑩ 緞面布

難易度：

製作步驟

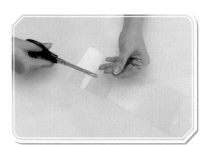

1 將塑膠片剪寬約 4 公分，長約 35 ～ 40 公分。

2 對摺後，斜角剪成 V 型。

3 剪完後展開，如圖示。

4 將緞面布塗抹適量樹脂。

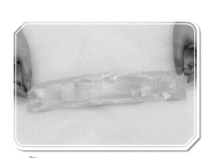

5 再將剪好的塑膠片鋪於上方。

6 從中間剪開。

7 將剪開的布往內對摺黏貼住。

8 摺成蝴蝶結造型後在中間擠上適量膠（需要三個蝴蝶結）。

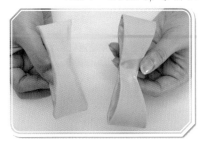

9 完成兩個蝴蝶結。

10 兩個蝴蝶結上下交疊。

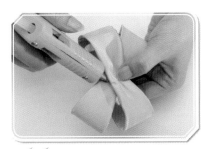

11 中間用熱熔膠固定。

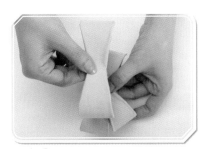

12 雙蝴蝶結上面再加一個蝴蝶結。

13 緞帶打個結。

14 圈綁在蝴蝶結中間。

15 圈好的緞帶底部用熱熔膠黏好固定。

16 完成蝴蝶結，如圖所示。

17 蝴蝶結底部用膠固定。

18 緞帶底部擠上適量熱熔膠。

19 將完成的蝴蝶結與圓形別針黏合固定。

20 將水鑽黏貼於打結的地方。

21 完成黏貼，如圖所示。

22 在別針後方夾上紗網。

23 完成作品，如圖所示。

Finish

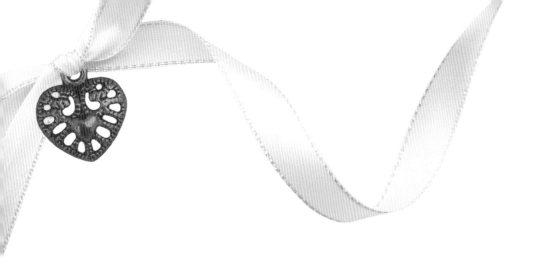

漣漪湖水綠

掬一捧湖水綠，繫成蝴蝶結，

水鑽是吹皺如鏡碧池的漣漪，

波光瀲灩中，映出臨水的秀麗身形，

飾品彷彿流動著大自然的光影變化，無窮清新。

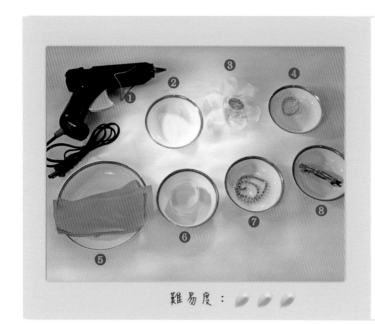

① 膠槍　　　　⑤ 寬緞帶
② 透明塑膠板　⑥ 細緞帶
③ 綠色亮粉　　⑦ 鑽鏈條
④ 細鐵絲　　　⑧ 髮夾

難易度：

製作步驟

1 剪一小段寬緞帶布對摺。

2 將布中間抓皺，形成蝴蝶結形狀。

3 在蝴蝶結緞帶布的中間，繞上一段裁細的緞帶。

4 蝴蝶結後方用膠固定。

5 完成蝴蝶結。

6 另剪一段寬布，將布對摺後纏上鐵絲固定，形成半個蝴蝶結。

7　完成好的半邊蝴蝶結，如圖所示。需做 2 個。

8　將塑膠片塗上適量膠。

9　將細緞帶黏貼於膠片上。

10　對摺固定緞帶，膠片底座完成。

11　拿出先前做好的蝴蝶結，背後擠上適量膠。

12　將大的半邊蝴蝶結黏貼於較小的蝴蝶結上。

13　依序完成蝴蝶結，並於蝴蝶結邊緣塗上少許的膠。

14　在將亮粉塗抹蝴蝶結邊緣上。

15　蝴蝶結中間擠上適量膠。

16　將鑽鏈環繞固定於中間。

17　完成鑽鏈蝴蝶結，如圖示。

18　將之前完成的底座，黏貼固定於蝴蝶結後方。

19 緞帶底座擠上適量膠。

20 再將夾子固定於底座上。

21 依此方式，完成兩個蝴蝶結。

22 將兩個蝴蝶結飾品交錯在一起，更顯華麗。

Finish

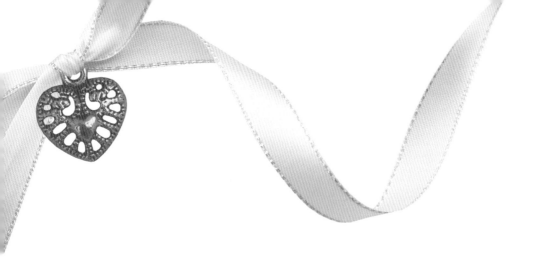

翩翩金藍舞

璀璨的金黃蝴蝶結微微拍動，
安靜的湛藍蝴蝶結顫顫揚起，
點綴七彩壓克力鑽，裝飾著金藍羽毛，
宛如花叢中最漂亮的蝴蝶，翩翩飛舞。

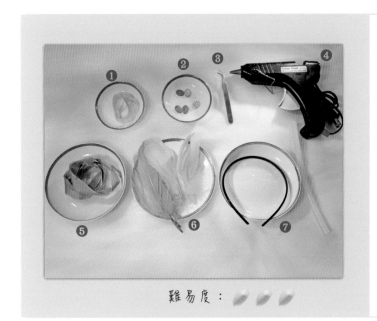

材料工具

① 細緞帶　　　⑤ 寬緞帶
② 壓克力鑽　　⑥ 雙色羽毛
③ 捏子　　　　⑦ 髮箍
④ 膠槍

難易度：

製作步驟

1 將緞帶對摺，準備做蝴蝶結。

2 摺成一個「8」。

3 對角再繼續摺出「8」。

4 擠上適量熱熔膠固定。

5 完成蝴蝶結。

6 取藍色羽毛，將羽毛尾梢留三分之一，其他部份撕去。

7　撕好的羽毛。

8　各色羽毛分散固定於蝴蝶結後方。

9　蝴蝶結中間黏貼上彩色壓克力飾品。

10　取一段細緞帶，準備纏繞髮箍。

11　將緞帶纏繞於髮箍。

12　完成髮箍的纏繞，如圖所示。

13　將羽毛蝴蝶結背面擠上適量膠。

14　將髮箍和羽毛蝴蝶結飾品黏合固定。

15　完成髮箍飾品，如圖所示。

Finish

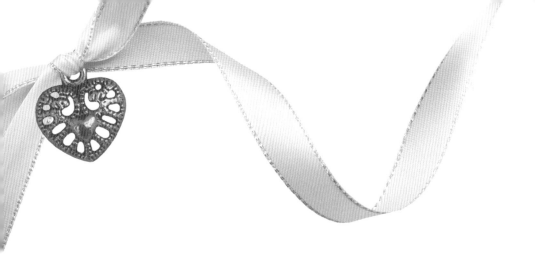

細膩光滑的緞面布，雙雙組成蝴蝶結，

搭配華麗的鑽飾髮圈，只展精巧優美的光采，

賞心悅目。

遇見幸福的每一天，就像禮物打上精巧細緻的蝴蝶結。

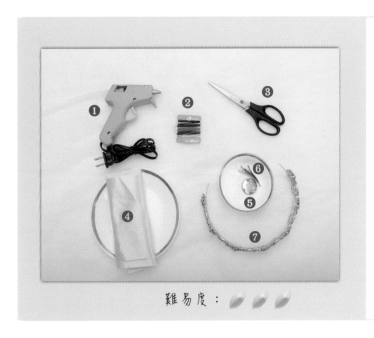

① 膠槍   ⑤ 圓形列針

② 針線   ⑥ 髮夾

③ 剪刀   ⑦ 鑽飾髮箍

④ 緞面布

難易度：

製作步驟

1 將緞面布剪成一小段。

2 往內三分之一對摺，另一邊也對摺。

3 完成對摺的長方形，如圖所示。

4 將剛剛摺好的長方形，中間抓皺，再用針線縫住。

5 固定皺摺位置。

6 縫好蝴蝶結的形狀。

7　完成三個蝴蝶結。

8　再剪一小段布。

9　用布將三個蝴蝶結綁在一起。

10　三個蝴蝶結必須有層次感。

11　再用針線固定蝴蝶結。

12　針線來回，確保固定。

13　背後擠上適量膠。

14　將圓形別針固定。

15　可將不同的蝴蝶結重疊一起。

16　可將兩個不同的蝴蝶結交疊一起。

17　結合不同蝴蝶結，呈現出多元風格。

18　蝴蝶結完成品。

Finish

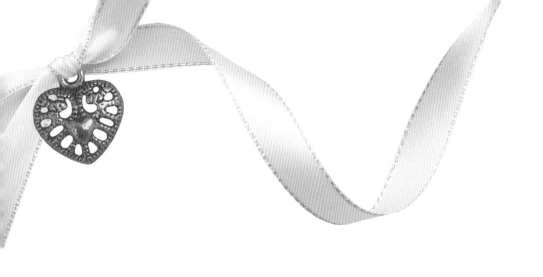

典雅多層次

都說她傾國傾城，都說她沉魚落雁，

因為那飾品，採用黑色、白色、印花花瓣交織成繁花錦簇，

以鏤金紗網圍繞，

再鋪以玄黑蝴蝶結紗網，

烘托出豐富的層次，色調典雅，造型別緻，

自然丰姿絕倫。

① 黑色彈性網　　⑦ 白色鐵絲
② 尖嘴鉗　　　　⑧ 花蕊
③ 膠槍
④ 白色葉片
⑤ 圓形別針
⑥ 不同素材的花瓣

難易度：

製作步驟

1 將鐵絲置入紗網花瓣中。

2 於鐵絲擠上適量膠。

3 再將花瓣與鐵絲固定。

4 鐵絲穿入印花花瓣中間，再擠適量膠固定。

5 捏成花苞型。

6 花朵背後擠適量膠以固定。

7 取數個花蕊，在花蕊中間
綁上鐵絲。

8 固定住花蕊束。

9 再以網紗花瓣包住花蕊。

10 用膠固定兩者底部。

11 將剛做好的印花花苞和
紗網花朵組合起來。

12 完成花朵如圖示。

13 以相同方式完成多個
花。

14 將多個完成的花組合在
一起。

15 葉片上黏貼鐵絲。

16 將多個葉片和花朵組合
在一起。

17 將花朵底部的鐵絲繞
圈，固定壓平。

18 圓形別針擠上適量膠。

19 固定於花朵背後。

20 彈性網中間綁上鐵絲，
　　形成蝴蝶結，以相同方
　　式完成三個。

21 將三個蝴蝶結和花朵組
　　合在一起。

22 再黏上圓形別針，即告
　　完成。

Finish

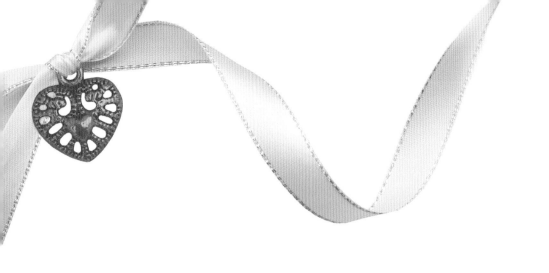

幸福亮粉紅

幸福是什麼顏色？是輕盈亮眼的粉紅。

嬌紅和淨白花瓣，共同組成盛開的花冠，

並加入珠鑽花蕊、淡雅羽毛和粉形紗網，

營造滿眼的馨柔，

對了，再於蕾絲花瓣上微灑亮粉，憑添百分百的閃耀幸福！

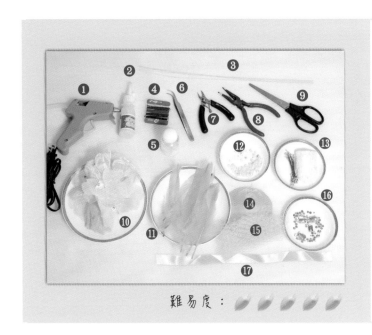

① 膠槍　　　⑩ 花瓣
② 膠水　　　⑪ 羽毛
③ 細鐵絲　　⑫ 珠珠花
④ 針線　　　⑬ 蕊、蕾絲緞帶
⑤ 白色亮粉　⑭ 帽胚
⑥ 捏子　　　⑮ 紗網
⑦ 斜嘴鉗　　⑯ 小水鑽
⑧ 尖嘴鉗　　⑰ 粉色緞帶
⑨ 剪刀

難易度：

製作步驟

1 用斜嘴鉗剪一小段鐵絲。

2 用尖嘴鉗將前端摺一個圓。

3 在圓上塗抹適量熱熔膠。

4 擺上水鑽，黏合之。

5 以同樣方式完成多個水鑽。

6 取數個花蕊，將花蕊中間綁上鐵絲。

7　將花蕊和剛剛完成的水鑽
　組合一起。

8　再將水鑽花蕊穿入花瓣
　中。

9　組合整朵花蕊花瓣。

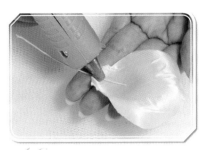

10　單片花瓣黏上鐵絲。

11　花瓣擠上適量膠。

12　將水鑽黏貼花瓣上。

13　將單片花和剛剛完成的
　花朵組合。

14　將蕾絲布剪出一小片花
　瓣。

15　在蕾絲花瓣上串上珠
　珠。

16　於蕾絲花瓣擠上適量
　膠。

17　再於蕾絲花瓣撒上亮
　粉。

18　花瓣背後放上鐵絲並黏
　膠固定。

19 用針線將蕾絲和緞帶縫住固定。

20 於蕾絲緞帶擠上適量膠。

21 撒上亮粉。

22 再將緞帶摺成不規則的蝴蝶結，並用針線固定。

23 完成好的花朵背後，擠上適量熱熔膠。

24 將緞帶蝴蝶結及花朵組合。

25 取羽毛，將羽毛右邊都撕去。

26 再用剪刀將羽毛剪到只剩一小部分。

27 上少許膠於羽毛上。

28 黏上水鑽。

29 將羽毛、花朵與紗網組合。

30 再將另一羽毛上適量膠。

將羽毛黏入花朵後方。

32 在帽胚塗上適量熱熔膠。

33 將帽胚黏貼於花朵後面中央，即告完成。

Finish

 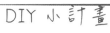

DIY 小計畫

1. 畫張設計圖，展現我的蝴蝶結飾品創意！

2. 要使用的材料有哪些呢？記下來吧。

3. 寫下我的蝴蝶結飾品製作方法，準備動手做囉～

.Part 5 ~

浪漫蕾絲飾品

- 純白物語
- 雪花錦簇
- 低調奢華
- 土耳其藍
- 繽紛煥彩
- 維多利亞風
- 狂歡節之夜
- 柏鑽沉金

純白物語

這素淨無暇的雅潔風情，
由純白花蕊、純白羽毛、純白蕾絲花瓣一層疊一層，婉轉細訴，
是相知相守的婚宴祝福，
是戲劇舞臺的荳蔻少女，
是派對贈禮的真摯心意。

① 膠槍　　　　⑦ 花瓣
② 斜嘴鉗　　　⑧ 蕾絲花瓣
③ 尖嘴鉗　　　⑨ 羽毛
④ 花蕊　　　　⑩ 圓形別針
⑤ 彩珠　　　　⑪ 髮夾
⑥ 細鐵絲

難易度：

製作步驟

1 剪一小段細鐵絲。

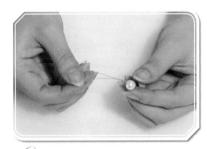

2 將細鐵絲穿入珠珠。

3 取一把花蕊，在花蕊中間綁上鐵絲。

4 將完成鐵絲穿珠，和花蕊組合之。

5 再將花蕊珠穿入花瓣中間。

6 以相同方式完成複瓣花朵。

7 不同的花瓣依樣重疊穿入。

8 將白羽毛擠上適量熱熔膠。

9 將羽毛穿入花朵中黏著。

10 花朵底部的鐵絲繞圈壓平固定。

11 花朵底部擠上適量膠。

12 將圓形別針固定於花朵底部，即告完成。

Finish

雪花錦簇

皚皚白雪，在冬日第一道晨光下，晶瑩飄飛，
潔白花朵，綴以鑽飾，串聯成美麗如雪花的髮圈，
這是精靈給予、雪人許諾的祝福，
徘徊的北極星正閃耀著溫柔的奇蹟。

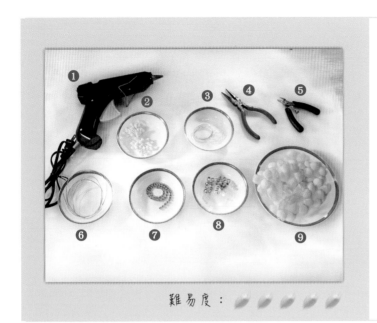

① 膠槍　　　　　⑥ 粗鐵絲
② 花蕊　　　　　⑦ 鑽鏈條
③ 細鐵絲　　　　⑧ 小水鑽、油珠
④ 尖嘴鉗　　　　⑨ 花瓣、蕾絲花瓣
⑤ 斜嘴鉗

難易度：

製作步驟

1 將油珠穿入鐵絲後，對摺扭轉固定。

2 同一條鐵絲，以同樣方式完成第二顆。

3 完成多個串珠。

4 將一條串珠和花蕊組合。

5 將花蕊穿入花瓣中。

6 同樣方式將其他花瓣穿入。

124

7 調整花蕊、花瓣至適當位
置。

8 完成花朵如圖示。

9 將花朵後方鐵絲扭轉壓平
固定。

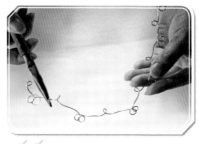

10 剪一段粗鐵絲。

11 將粗鐵絲繞出多個不規
則的圓形。

12 三個油珠串在一起，再
對摺扭轉固定。

13 於粗鐵絲擠上適量膠。

14 將鑽飾黏於油珠中間的
粗鐵絲上。

15 再將鑽飾油珠穿入花
瓣。

16 在圓形鐵絲上擠上適量
膠。

17 將花朵黏上鐵絲。

18 完成花朵和鐵絲的接
黏，如圖示。

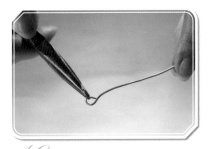

19 將鐵絲末段摺出一個圓形。

20 將鑽鍊繞上鐵絲固定住。

21 固定好鑽鍊,如圖所示。

22 再將鐵絲壓成髮圈。

23 擠上適量的熱熔膠。

24 將花朵黏於髮圈上。

25 將所有花朵黏貼於髮圈上。

26 擠適量的熱熔膠在花瓣上。

27 將鑽飾黏於花瓣塗膠之處,即告完成。

Finish

低調奢華

精工蕾絲花布和雪白緞帶，層層巧縫為盛開的花朵，

單純極淨，

炫目的璀璨鑽飾，氣派點綴於花蕊，

立即生輝，

因為雅潔安靜，卻又絕對搶眼，

不必多言，自然流洩低調奢華的非凡格調。

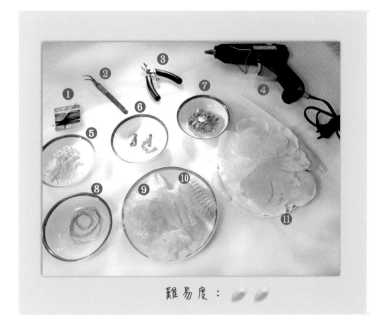

材料工具

① 針線   ⑦ 鑽飾
② 捏子   ⑧ 細鐵絲
③ 斜嘴鉗   ⑨ 蕾絲布
④ 膠槍   ⑩ 蕾絲緞帶
⑤ 花蕊   ⑪ 蕾絲花瓣
⑥ 夾鍊

難易度：

製作步驟

1 將針線穿入蕾絲花瓣中間。

2 再疊上另一片花瓣。

3 將數片花瓣縫製上去。

4 將鑽飾品擠上適量膠，黏貼於花朵中間。

5 再用針線固定鑽飾品。

6 將飾品、花朵兩者縫合完成。

7 花朵背後縫製上蕾絲帶。

8 以鉗子將夾鏈口夾於蕾絲帶上。

9 將夾鏈串固定於蕾絲帶兩端。

10 完成飾品,如圖示。

Finish

土耳其藍

十六世紀，法蘭西人在奧斯曼帝國，首次見到這似藍若綠的別緻寶石，
驚豔地以法文命名：Turquoise！
今日，且擷取土耳其的碧海藍天，染成地中海的獨特色彩，
讓摩洛哥數不盡的神秘風情，在飾品迷人的花瓣羽毛中，
徐徐流轉，綽約展現。

① 膠槍　　　　⑦ 綠色亮粉
② 尖嘴鉗　　　⑧ 小水鑽
③ 帽胚　　　　⑨ 膠水
④ 鑽飾　　　　⑩ 蕾絲染色花瓣
⑤ 細鐵絲　　　⑪ 羽毛
⑥ 白色鐵絲

難易度：

製作步驟

1 將細鐵絲穿入蕾絲花朵中。

2 扭轉固定。

3 以同樣方式完成數個花朵。

4 將藍羽毛綁上鐵絲。

5 對摺羽毛。

6 再以鐵絲固定住羽毛。

7 將綁好的羽毛和花朵組合。

8 繼續將其他的羽毛和花朵組合一起。

9 擠上適量熱熔膠於花朵後方。

10 將羽毛置於花朵後方，黏著固定。

11 完成花朵如圖示。

12 花朵後方擠上適量熱熔膠。

13 將帽胚剪成適合大小。

14 將帽胚黏在花中間。

15 花朵前端擠上適量熱熔膠。

16 將鑽飾黏貼固定於花朵上於。

17 花瓣邊緣擠上適量膠。

18 將亮片塗抹於花瓣邊緣上膠處，即告完成。

Finish

繽紛煥彩

且看淡紫、淺藍、嬌黃、粉紅、潔白的蕾絲花瓣，
共同旋舞出繽紛的鮮花朵朵，
輕盈明亮，粉嫩調和，倘若邊舞邊唱歌，
襯得主人光采煥發、伶俐可愛！

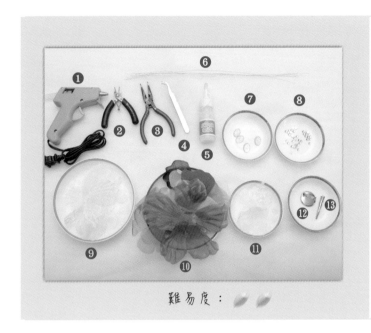

① 膠槍　　　　⑧ 小水鑽
② 斜嘴鉗　　　⑨ 蕾絲花瓣
③ 尖嘴鉗　　　⑩ 透色花瓣
④ 捏子　　　　⑪ 蕾絲花瓣
⑤ 膠水　　　　⑫ 圓形列針
⑥ 鐵絲　　　　⑬ 髮夾
⑦ 壓克力鑽

難易度：

製作步驟

1 以斜嘴鉗剪一小段鐵絲。

2 擠上適量膠，將鐵絲和單片花瓣黏貼固定住（同樣方式製作數個花瓣）。

3 將兩朵花瓣組合，花瓣的鐵絲扭轉在一起。

4 以同樣方式，將其他色花瓣組合在一起。

5 花瓣組合後，於花朵背面擠上適量膠。

6 將壓克力造型鑽黏貼於花朵背後中間。

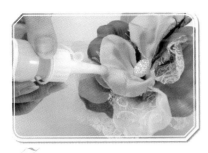

7 花瓣正面的邊緣擠上適量膠。

8 將水鑽黏貼於花瓣上。

9 花朵背後黏上圓形別針，即告完成。

Finish

維多利亞風

1837 年到 1901 年，維多利亞女王統治大英帝國，國勢富強鼎盛，

服飾風尚百花齊放：

蕾絲、荷葉邊、蝴蝶結及蛋糕裙剪裁，融合皺褶、立領、高腰、燈籠袖式樣，

盡顯英倫貴族的雍容典雅；

這日不落王國的明麗風華，都重現在你的緞黃花飾中。

① 藍色彈性紗網　⑤ 白色鐵絲
② 圓形別針　　　⑥ 鑽飾
③ 針線　　　　　⑦ 斜嘴鉗
④ 膠槍

難易度：

製作步驟

1 將鐵絲和單片花瓣黏貼住。

2 黏好的單片花瓣（以同樣方式製作數朵）。

3 將單片花朵組合一起。

4 將花朵的鐵絲扭繞固定。

5 擠上適量熱熔膠，將花瓣、鐵絲兩者固定。

6 完成蕾絲花，如圖示。

7 在花的後方，以鐵絲束繞
固定花瓣的鐵絲。

8 固定、壓平鐵絲。

9 在鐵絲擠上適量膠。

10 將蕾絲花瓣黏上。

11 黏好其花瓣。

12 圓形別針塗上適量膠。

13 將別針固定花朵後方。

14 完成蕾絲花朵，如圖
示。

15 在花朵中間黏上鑽飾。

16 完成水藍鑽蕾絲花。

Finish

狂歡節之夜

中宵，燈火依然通明，音樂持續繚繞，
歡笑讌語，與威尼斯的月光水波一起蕩漾，
眾人的面具華麗招搖，
衣香鬢影、熙來攘往中，
你是最出眾的那朵水仙，不因黑夜而失色

① 膠槍　　　　　　⑥ 蕾絲繡花
② 針線　　　　　　⑦ 鑽飾、壓克力鑽
③ 髮夾
④ 圓形別針
⑤ 蕾絲花瓣、布面
　花瓣

難易度：

製作步驟

1 將針線穿入花瓣中間。

2 將不同素材的花瓣重疊縫製。

3 將花瓣重疊縫製於適當位置。

4 調整、完成整朵花。

5 在花朵中間擠上適量熱熔膠。

6 將鑽飾品黏貼於花朵中間。

7 在花朵中間縫製上蕾絲繡花。

8 於圓形別針擠上適量熱熔膠。

9 將圓形別針黏貼於花朵後方，即告完成。

Finish

柏鑽沉金

看似松柏高雅紋理的花瓣，

彷彿檀木沉香的清芬可挹，

瑰瑩的鑽飾溫柔相伴，又有歡愉姻香檳氣泡冒出，

空谷佳麗澹泊飄逸的氣質，在這巧手慧心的飾品中應運而生。

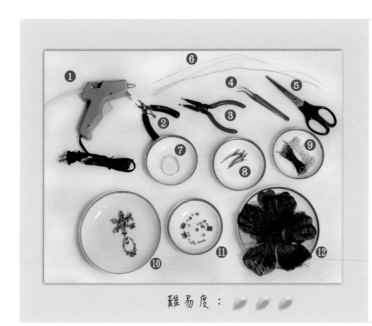

① 膠槍　　　　⑦ 細鐵絲
② 斜嘴鉗　　　⑧ 髮夾
③ 尖嘴鉗　　　⑨ 花蕊
④ 捏子　　　　⑩ 鑽飾
⑤ 剪刀　　　　⑪ 方刑鑽、小水鑽
⑥ 鐵絲　　　　⑫ 黑金色花瓣

難易度： 🌿🌿🌿

製作步驟

1 取花蕊，在花蕊中間綁上鐵絲。

2 以尖嘴鉗將鐵絲摺成一個圓，於圓上黏貼水鑽。

3 將水鑽、鐵絲和花蕊組合一起。

4 把蕾絲花瓣剪成單片花瓣。

5 將鐵絲和花瓣黏住，以同樣方式製作數朵。

6 將數朵花瓣組合一起。

7 將花蕊及花瓣組合。

8 利用鐵絲綑綁固定兩者。

9 加入其他花瓣，完成花
朵，如圖示。

10 花朵背面擠上適量膠。

11 放置褐色花瓣作為底
座。

12 於底座擠上適量熱熔
膠。

13 將髮夾黏貼於底座上固
定。

14 再將飾品固定於花朵前
方。

15 擠上適量熱熔膠於花瓣
上。

16 黏貼水鑽於花瓣上，即
告完成。

Finish

DIY 小計畫

1. 畫張設計圖，展現我的蕾絲飾品創意！

2. 要使用的材料有哪些呢？記下來吧。

3. 寫下我的蕾絲飾品製作方法，準備動手做囉～

點點紗，邀請朵朵花，於翩翩風下，曼妙低舞。

黑銀灰色系的紗網花飾，既甜美又神秘，

只消回眸轉盼，便輕輕籠罩住每個人的心。

① 膠槍　　　　　⑧ 捏子
② 黑色花瓣　　　⑨ 尖嘴鉗
③ 白色鐵絲　　　⑩ 花蕊
④ 黑色點點紗　　⑪ 髮夾、圓形別針
⑤ 黑色豆紗網　　⑫ 壓克力鑽、小水鑽
⑥ 鑽飾髮箍
⑦ 蕾絲花瓣

難易度： 🌿 🌿 🌿

製作步驟

1 在花蕊中間綁上鐵絲。

2 花蕊中間擠上適量膠。

3 再將鑽飾黏置花蕊中間。

4 將花蕊放置於花瓣中間。

5 以相同方式完成一朵花的花瓣。

6 花背後利用尖嘴鉗將鐵絲轉圈固定。

7 擠上適量的熱熔膠。

8 將圓形別針固定於花後。

9 花瓣上擠上適量膠。

10 用鑷子於花瓣黏上亮鑽，即告完成。

11 準備製作另一朵花。在花蕊中間綁上鐵絲。

12 將花蕊放置於花瓣中間。

13 擠上適當的熱熔膠固定住兩者。

14 以相同方式黏合一整朵花的花瓣。

15 花背後擠上適量熱熔膠。

16 將圓形別針固定其上（可當胸花或頭花）。

17 可將兩朵花組合起來。

18 再將花朵配上紗網、豆沙網，呈現華麗感。

Finish

嫵媚玫瑰

詩人里爾克傾心吟詠：

請為我翻譯薔薇的芬芳，

用屬於我們的言語，

那在天堂流轉的空氣，

一如花朵的馨香，

啊，這夏日的玫瑰，讓人沉醉，幸福洋溢。

① 膠槍　　　⑦ 細鐵絲
② 花瓣　　　⑧ 髮夾
③ 花蕊　　　⑨ 尖嘴鉗
④ 黑色珠珠　⑩ 金蔥邊彈性網
⑤ 紫色鐵絲　⑪ 紗網
⑥ 圓形列針

難易度：

製作步驟

1 在花蕊中間綁上鐵絲。

2 再將鐵絲繞緊固定。

3 將花蕊放置於花瓣中間。

4 將花蕊放置於花瓣中間。

5 用鐵絲固定環繞。

6 再將另片花瓣穿入。

7 完成單一花朵如圖示。

8 將紫色鐵絲穿上黑色珠珠。

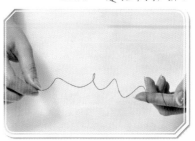

9 並用手指將指色鐵絲環繞。

10 將花瓣和紫色鐵絲擠上適量膠固定。

11 帶金蔥邊彈性網摺成立體蝴蝶結。

12 摺成立體蝴蝶結。

13 彈性網摺成立體蝴蝶結。

14 完成彈性網立體蝴蝶結。

15 用鐵絲將蝴蝶結固定住。

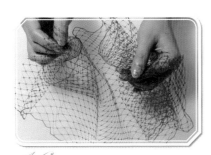

16 將豆紗網抓皺。

17 將紗網和金蔥邊彈性網蝴蝶結組合。

18 再將剛剛做好的花置入中間。

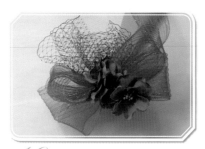  

19 完成好兩朵花的組合。

20 將捲好的紫色鐵絲穿入花朵底部並固定。

21 黏上花瓣，紫色鐵絲也穿入花朵底部並固定，即完成。

Finish

紫紅派對

來一場繽紛的色彩派對吧！

將相近色系的紫花、紅花搭組，

輔以鑽飾、紗網，

完成和諧悅目的花朵飾品；

這筵席上有葡萄佳釀、馥郁紅花，

而你美麗冶豔，自是焦點。

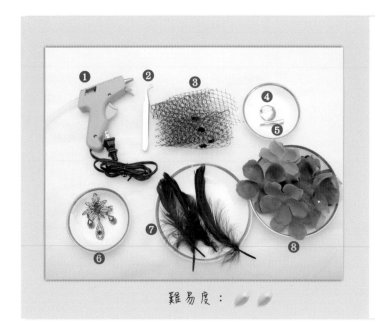

① 膠槍　　　　⑤ 髮夾
② 捏子　　　　⑥ 彩色鑽飾
③ 黑色豆沙網　⑦ 深藍色羽毛
④ 圓形別針　　⑧ 不同顏色的花瓣

難易度：

製作步驟

1　在花瓣上擠適量的膠。

2　再將不同顏色花瓣對摺黏上。

3　相同方式將花瓣對摺黏上。

4　完成花朵黏貼如圖所示。

5　將飾品黏貼於花瓣上。

6　再將黏好飾品的花瓣組合在完成好的花朵上。

7　將羽毛留四分之一，其他拉掉。

8　完成如圖示。

9　將羽毛置入花朵中間，用熱溶膠固定。

10　圓形別針固定於花朵背面（可當胸花或頭花）。

11　也可將花朵和豆沙網組合，塑造華麗風格。

Finish

晶瑩時尚

時尚是什麼？

白底帶橘的花瓣，透亮明嫩，

搭配獨特的方型鑽設計，凸顯不凡品味，

再襯以勻灑亮粉的金蔥邊彈性網，

手法細緻，每個角度都折射晶瑩美麗的光澤，

妳，完美定義了時尚。

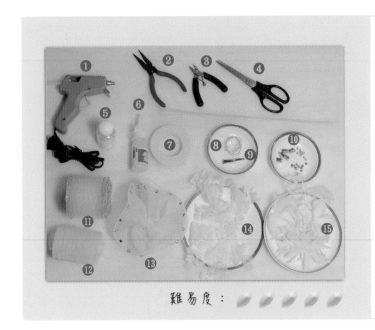

① 膠槍　　　　　⑨ 髮夾
② 尖嘴鉗　　　　⑩ 方型鑽、小水
③ 斜嘴鉗　　　　　　鑽
④ 剪刀　　　　　⑪ 金蔥邊彈性網
⑤ 白色亮粉　　　⑫ 白色彈性網
⑥ 膠水　　　　　⑬ 白色緞帶
⑦ 膠帶　　　　　⑭ 蕾絲花邊布
⑧ 細鐵絲　　　　⑮ 蕾絲花瓣、白色花
　　　　　　　　　　瓣

難易度：

製作步驟

1 用斜嘴鉗剪下一小段鐵
　絲。

2 將鐵絲前端摺成一個圓。

3 圓圈擠上適量膠。

4 將水鑽黏貼於圓圈中。

5 將水鑽穿入花瓣中。

6 擠適量膠於花瓣上。

7　水鑽黏貼於花瓣上。

8　再將其他花瓣穿入組合起來。

9　完成複瓣花朵，如圖示。

10　擠上適量的膠於花瓣上。

11　水鑽黏貼於花瓣上。

12　剪下一小段蕾絲花。

13　將一小段白色鐵絲放在蕾絲花上黏貼住。

14　在擠上適量壓克力膠。

15　利用水鑽做點綴。

16　將花朵與蕾絲花葉組合。

17　將小片彈性網塗上壓克力膠。

18　在將亮粉撒於彈性網上。

19 在水鑽中間綁上鐵絲。

20 將水鑽綁緊於彈性網中間。

21 白色鐵絲和單片花瓣上膠黏貼。

22 彈性網尾端和白色鐵絲上膠固定。

23 將剛做好的花多與彈性網組合。

24 白色鐵絲用白色膠帶纏繞固定。

25 於後方纏繞好。

26 完成花朵，如圖所示。

27 在將摺好的緞帶邊緣上適量膠。

28 邊緣分散放置水鑽黏貼住。

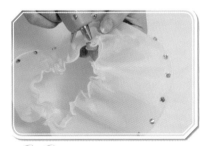

29 開口上適量膠。

30 兩邊縮緊黏上。

31 上適量膠在花材底部。

32 將花朵和緞帶蝴蝶結組合。

33 並用熱熔膠黏貼住。

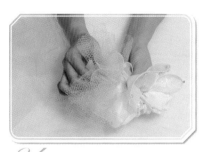

34 將紗網抓皺組合在蝴蝶結上。

35 在底部上適量膠。

36 放置髮夾固定。

Finish

仕女紗霧

嫣紫花卉和銀黑花朵交相掩映，

氣質深邃神秘；

朦朧如霧的紗網輕輕圍繞，烘托衿雅的仕女風韻，

你凝眸遠眺，脈脈含情，益發嫻美動人。

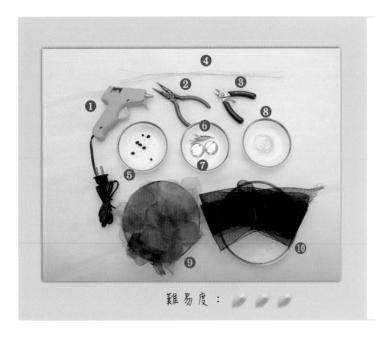

① 膠槍　　　⑥ 髮夾
② 尖嘴鉗　　⑦ 圓形髮夾
③ 斜嘴鉗　　⑧ 細鐵絲
④ 細鐵絲　　⑨ 紫黑花瓣
⑤ 透明黑色珠　⑩ 黑紗網

難易度：

製作步驟

1 鐵絲穿入珠珠。

2 將珠珠穿入後，對摺扭轉固定。

3 完成串珠，如圖示。

4 將鐵絲穿入花瓣。

5 再將鐵絲扭轉固定。

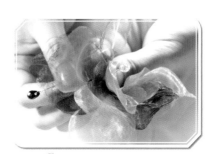

6 將不同色花瓣組合。

7 再將花瓣及鐵絲串珠組合。

8 同樣的兩朵花組合。

9 擠上適量膠。

10 黏貼住配飾和別針。

11 完成如圖示。

12 可將花飾組合彈性網，展現華麗美感。

Finish

寶藍宮廷

大片的透藍蝴蝶紗網，自顯雍容，

怒放的寶藍花朵簇擁，更展華貴，

搖曳的葡紫羽飾和精工水鑽交輝相映，

宮廷世家的嬌寵尊榮，豈能隱藏？

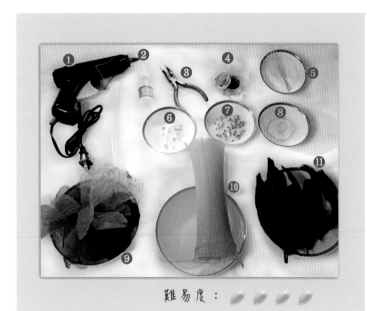

材料工具

① 膠槍　　　　　⑦ 小水鑽
② 膠水　　　　　⑧ 白鐵絲
③ 尖嘴鉗　　　　⑨ 蕾絲透色花瓣
④ 藍色亮粉　　　⑩ 紗網
⑤ 細鐵絲　　　　⑪ 羽毛
⑥ 藍色串珠

難易度：

製作步驟

1 將彈性網對摺。

2 摺出蝴蝶結形狀。

3 同樣方式再對摺。

4 擠上適量膠固定紗網。

5 進行大小不對稱蝴蝶結抓皺。

6 完成紗網，如圖。

7 藍花瓣中間穿入鐵絲。

8 鐵絲扭轉固定。

9 將不同顏色的花瓣組合。

10 將鐵絲扭轉固定。

11 用尖嘴鉗將鐵絲扭轉固定好。

12 完成紗網花朵，如圖示。

13 將油珠穿入鐵絲。

14 扭轉固定。

15 完成的多個油珠飾品，組合成一束。

16 將藍羽毛三分之一撕去。

17 再將羽毛的三分之一撕去。

18 留下三分之一的羽毛。

19 完成好的羽毛。

20 將羽毛及花瓣組合於彈性網蝴蝶結上。

21 把剛完成好的花朵也組合在一起。

22 把完成好的花蕊組合一起。

23 擠上適量膠做固定。

24 羽毛穿入花中。

25 擠上適量壓克力膠於花瓣。

26 塗抹亮粉於花瓣上。

27 擠上適量膠於紗網。

28 擠上熱溶膠。

29 將水鑽黏貼紗網點綴。

30 將圓形別針固定，完成。

Finish

浪漫盛綻

花羽恬柔粉紅，珠光輕閃，
點點紗如滿天星，
悄悄告訴我愛戀的花粉，已飄送心田，
正綻放茂盛的綺旎浪漫。

① 膠槍　　　　⑥ 細鐵絲
② 斜嘴鉗　　　⑦ 羽毛
③ 尖嘴鉗　　　⑧ 粉色花瓣
④ 剪刀　　　　⑨ 點點紗
⑤ 彩色油珠

難易度：

製作步驟

1 剪一小段鐵絲。

2 穿入油珠，將鐵絲對摺固定。

3 將油珠穿入花瓣中間。

4 將花瓣背後擠上適量膠。

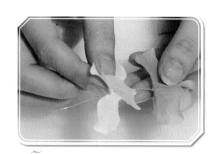

5 黏貼另一朵花瓣。

6 將串珠與花瓣組合，做數個。

7　珍珠紗網對摺。

8　對摺後再對摺，摺成不對稱狀。

9　於紗網擠上適量膠。

10　交疊將兩個珍珠紗網。

11　帽胚上擠入適量膠。

12　重複將數張珍珠紗網黏貼於帽胚上。

13　再將剛剛完成好的花朵黏貼於帽胚。

14　羽毛留四分之一，其餘撕去。

15　在羽毛擠上適量膠。

16　將羽毛穿入完成的帽胚，完成。

Finish

法式華麗

蕾絲花朵在千夜的巴黎綻放，

墨黑細紗網羅塞納河畔的靈感才思，

世紀末的萬千華麗，盡收藏在你小巧的禮帽花飾上；

微微頷首，因為你正漫步於左岸文人雅士的讚嘆之中。

① 膠槍　　　　　⑧ 方型鑽

② 捏子　　　　　⑨ 圓柱型小珠

③ 尖嘴鉗　　　　⑩ 蕾絲花瓣

④ 斜嘴鉗　　　　⑪ 圓形別針

⑤ 細鐵絲　　　　⑫ 髮夾

⑥ 禮帽　　　　　⑬ 細鐵絲

⑦ 紗網　　　　　⑭ 緞帶

難易度：

製作步驟

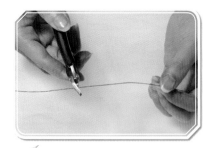

1 剪一小段鐵絲。

2 將鐵絲放在單片花瓣中，適量交互捏緊固定。

3 同樣方式完成五朵後，組合一起。

4 擠上適量膠固定。

5 鐵絲扭轉固定。

6 將珠珠串入後，對摺扭轉固定。

194

7 接下來以相同步驟進行管
　　珠的製作。

8 同一條鐵絲穿約六至七條
　　管珠飾品。

9 將管珠飾品及花瓣做組
　　合。

10 再將完成的大小花束組
　　　合在一起。

11 完成花束，如圖示。

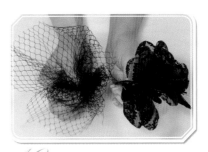

12 準備紗網及花瓣飾品。

13 紗網及花瓣飾品做組
　　　合。

14 於帽子擠上適量膠。

15 帽子繞上緞帶固定。

16 於帽子緞帶擠上適量
　　　膠。

17 將飾品固定於帽子邊。

18 黏貼所需飾品於適當位
　　　置。

19 帽飾完成，如圖所示。

20 於帽緣擠上適量膠。

21 以鉗子將鐵絲扭轉束合。

22 將鐵絲扭轉、壓平。

23 擠上適量膠於圓形別針。

24 將別針黏貼固定於花後。

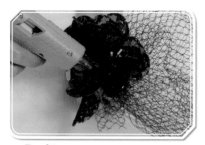

25 在花瓣上擠入適量熱熔膠。

26 將鑽飾黏貼於花心上。

27 其餘花瓣也黏上裝飾，即告完成。

Finish

DIY 小計畫

1. 畫張設計圖，展現我的網紗飾品創意！
2. 要使用的材料有哪些呢？記下來吧。
3. 寫下我的網紗飾品製作方法，準備動手做囉～

國家圖書館出版品預行編目（CIP）資料

時尚飾品設計 / 羅孟瀅, 陳慧玲編著. -- 初版. -- 新
北市 : 全華圖書, 2014.05
　　面；　公分
　ISBN 978-957-21-9399-0(平裝)

1.裝飾品 2.髮飾 3.佩飾 4.設計

426.77　　　　　　　　　　　　　　103007006

時 尚 飾 品 設 計

作　　　者　羅孟瀅、陳慧玲

執行編輯　盧彥螢

美術設計　林彥彣、楊昭琅

發 行 人　陳本源

出 版 者　全華圖書股份有限公司

郵政帳號　0100836-1號

印 刷 者　宏懋打字印刷股份有限公司

圖書編號　08162

初版三刷　2019年1月

定　　價　新臺幣420元

I S B N　978-957-21-9399-0

全華圖書　www.chwa.com.tw

全華網路書店 Open Tech／www.opentech.com.tw

若您對書籍內容、排版印刷有任何問題，歡迎來信指導book@chwa.com.tw

臺北總公司（北區營業處）
地址：23671 新北市土城區忠義路21號
電話：(02) 2262-5666
傳眞：(02) 6637-3695、6637-3696

南區營業處
地址：80769高雄市三民區應安街12號
電話：(07) 381-1377
傳眞：(07) 862-5562

中區營業處
地址：40256 臺中市南區樹義一巷26號
電話：(04) 2261-8485
傳眞：(04) 3600-9806

全華圖書股份有限公司
23671 新北市土城區忠義路 21 號

行銷企劃部　收

✂（請由此線剪下）

歡迎加入 全華會員

● **會員獨享**
會員享購書折扣、紅利積點、生日禮金、不定期優惠活動…等。

● **如何加入會員**
填妥讀者回函卡直接傳真 (02) 2262-0900 或寄回，將由專人協助登入會員資料，待收到 E-MAIL 通知後即可成為會員。

如何購買 全華書籍

1. 網路購書
全華網路書店「http://www.opentech.com.tw」，加入會員購書更便利，並享有紅利積點回饋等各式優惠。

2. 全華門市、全省書局
歡迎至全華門市（新北市土城區忠義路 21 號）或全省各大書局、連鎖書店選購。

3. 來電訂購
(1) 訂購專線：(02) 2262-5666 轉 321-324
(2) 傳真專線：(02) 6637-3696
(3) 郵局劃撥（帳號：0100836-1　戶名：全華圖書股份有限公司）
※ 購書未滿一千元者，酌收運費 70 元。

OpenTech.com.tw 全華網路書店
全華網路書店 www.opentech.com.tw
E-mail: service@chwa.com.tw

※ 本會員制如有變更則以最新修訂制度為準，造成不便請見諒。

讀者回函卡

填寫日期：　　/　　/

姓名：　　　　　　　　生日：西元　　　年　　　月　　　日　性別：□男 □女

電話：（　　）　　　　　傳真：（　　）　　　　　手機：

e-mail：（必填）

註：數字零，請用 Φ 表示，數字1與英文L請另註明並書寫端正，謝謝。

通訊處：□□□□□

學歷：□博士 □碩士 □大學 □專科 □高中・職

職業：□工程師 □教師 □學生 □軍・公 □其他

學校／公司：　　　　　　　　科系／部門：

・需求書類：

□A. 電子 □B. 電機 □C. 計算機工程 □D. 資訊 □E. 機械 □F. 汽車 □I. 工管 □J. 土木
□K. 化工 □L. 設計 □M. 商管 □N. 日文 □O. 美容 □P. 休閒 □Q. 餐飲 □B. 其他

・本次購買圖書為：　　　　　　　　　書號：

・您對本書的評價：

封面設計：□非常滿意 □滿意 □尚可 □需改善，請說明

內容表達：□非常滿意 □滿意 □尚可 □需改善，請說明

版面編排：□非常滿意 □滿意 □尚可 □需改善，請說明

印刷品質：□非常滿意 □滿意 □尚可 □需改善，請說明

書籍定價：□非常滿意 □滿意 □尚可 □需改善，請說明

整體評價：請說明

・您在何處購買本書？

□書局 □網路書店 □書展 □團購 □其他

・您購買本書的原因？（可複選）

□個人需要 □幫公司採購 □親友推薦 □老師指定之課本 □其他

・您希望全華以何種方式提供出版訊息及特惠活動？

□電子報 □DM □廣告 （媒體名稱　　　　　　　）

・您是否上過全華網路書店？（www.opentech.com.tw）

□是 □否 您的建議

・您希望全華出版那方面書籍？

・您希望全華加強那些服務？

~感謝您提供寶貴意見，全華將秉持服務的熱忱，出版更多好書，以饗讀者。

全華網路書店 http://www.opentech.com.tw　　客服信箱 service@chwa.com.tw

2011.03 修訂

親愛的讀者：

感謝您對全華圖書的支持與愛護，雖然我們很慎重的處理每一本書，但恐仍有疏漏之處，若您發現本書有任何錯誤，請填寫於勘誤表內寄回，我們將於再版時修正，您的批評與指教是我們進步的原動力，謝謝！

全華圖書 敬上

勘 誤 表

書號：　　　　　書名：　　　　　作者：

頁數	行數	錯誤或不當之詞句	建議修改之詞句

我有話要說：（其它之批評與建議，如封面、編排、內容、印刷品質等・・・）